野游历险记

安全行为小百科编委会　编

U0223800

地震出版社

图书在版编目（CIP）数据

野游历险记/ 安全行为小百科编委会编.

—北京：地震出版社,2023.6（2024.10重印）

ISBN 978-7-5028-5506-2

Ⅰ.①野… Ⅱ.①安… Ⅲ.①安全教育－少儿读物

Ⅳ.①X956-49

中国版本图书馆CIP数据核字(2022)第212242号

地震版XM5896/X(6325)

野游历险记

安全行为小百科编委会　编

责任编辑：李肖寅

责任校对：鄂真妮

出版发行：地震出版社

北京市海淀区民族大学南路9号　　邮编：100081

销售中心：68423031　68467991　　传真：68467991

总编办：68462709　68423029

http://seismologicalpress.com

经销：全国各地新华书店

印刷：北京华强印刷有限公司

版（印）次：2023年6月第一版 2024年10月第二次印刷

开本：787×1092　1/16

字数：90千字

印张：4

书号：ISBN 978-7-5028-5506-2

定价：28.00元

目 录

一、野游计划

"我们从明天开始放假，连放七天。好不容易盼到假期了，大家都准备去哪里玩呀？"严老师问道。

许依、高睿、杜可、冯周、关关几个人互相对视了一眼，举手说道："我们准备一起去野游！"

"嗯，这个计划不错。"严老师听后点点头，"可以通过这次机会亲近大自然，不过千万要注意安全哦！"

"我们已经做好准备了！"杜可喜滋滋地回答。

"哦？这么自信呀。那就让我来考考你们，外出野游需要注意些什么呢？"严老师笑着问道。

"我知道！"冯周第一个举手发言，"野游就是探险，去山洞里没准还能找到宝藏呢！注意找宝藏就行了！"他一边说着，一边做出夸张的表情，好像已经找到了宝藏一样，逗得同学们哈哈大笑。

高睿摇了摇头，严肃地纠正道："野游可不是闹着玩的，一定要有大人陪同，最好选择熟悉的地点，大家结伴走安全、宽敞的大路。"

杜可不甘示弱，眼珠骨碌一转，马上补充道："书上说不能随便进入还没开发的地区和水域，山洞就更不行啦！"

"没错，你们说得都很正确，游玩的前提是要保证安全。除了这些，你们还能想到什么吗？"严老师赞许地点点头，继续问道。大家一时间都陷入了沉思。

"虽然有大人陪同，但如果同学们也能掌握外出野游的知识，就既可以保障安全，又可以丰富见识了。"严老师循循善诱地说，"今天就给大家布置一个小任务，查询有关野游的注意事项，比比谁找得多。大家有信心吗？"

"有！"同学们斗志满满地回应道。

放学后，"野游小分队"一行人来到了市图书馆，准备查阅相关资料。

"图书馆里不能喧哗，不如我们分头行动，借完书来一楼的讨论区集合吧。"许依提议道。

不一会儿，几个人带着各自找到的资料来到了讨论区。

"要准备好充足的水和食物，穿轻便的鞋。"杜可翻开书读道。

高睿点点头，补充道："还要带指南针、手电筒、应急药品。"

"对了对了，还可以带点防虫防蚊的药，听说野外的蚊虫很多，上次我家隔壁的李叔叔去登山，被蜱虫咬伤了腿，伤口感染，都进医院了！"冯周瞪大眼睛，有模有样地描述着。

"一定要带，我最怕虫子了！"杜可被吓得张大了嘴巴，连忙嘱咐关关写下来。

大家你说一句，我说一句，很快就列出了许多注意事项。"天色不早了，不如我们就先回去吧，今晚我们准备一下野游需要的东西，明天一早就出发！"许依说道。

高睿补充道："我们回家以后也可以在网上查一些有关登山、防中暑、野外生存的知识，毕竟我们也不知道会有什么突发情况。准备得越充分越好。"

"还是学习委员想得周到！"大家纷纷点头。

正说着，杜可的哥哥开车赶到了，"小朋友们上车吧，我送你们回家。"

许依上了车就迫不及待地问道："哥哥，你明天能和我们一起去野游吗？"

"当然啦，我早就答应杜可了，出游的路线我都规划好了。"哥哥笑着说。

"太好了，我还怕我妈妈不同意我们出去野游，有大人在她就不用担心了。"关关小声说道，担忧的情绪一扫而空。

大家一路上欢声笑语，都期盼着第二天的到来。

安全小贴士

★ 野游安全指南

初秋出游正当时，野游地多远离城市，比较偏远，物质条件差。亲近大自然虽好，但却有可能面临各种不可预知的危险。我们该如何保证自身的安全呢？

1. 出游地点尽量选择常规的郊游区域，不要去人迹罕至、手机信号差的地方。

2. 穿舒适、轻便的衣物、鞋子，携带轻便的背包，准备充足的饮用水和食物。

3. 不饮用野外池塘、低洼积水等死水，不食用野果、野菜、菌类等，避免食物中毒。

4. 未成年人不要在野外过夜，如不得不在野外过夜，要带好帐篷、睡袋、保暖衣物等基本保障品，勿随地躺睡。

5. 野外毒蚊、毒虫肆虐，应随身携带防蚊、驱虫产品，避免叮咬引发过敏、中毒。

6. 远离草丛、石缝、枯木、竹林、溪畔、阴暗潮湿处等蛇类出没的地方，避免被蛇咬伤。

7. 尽量穿颜色浅的衣物，不要在花丛中久留，避免吸引、刺激蜂类，导致蜂蜇。

8. 遇到雷雨天气需尽快返回，切忌在高处逗留，切忌在树下、岩石下方避雨。

9. 在不知道水下情况时，不要在野外随意下水游泳，切忌跳水、潜泳，避免溺水。

10. 进行登山、攀爬等剧烈运动时，应量力而行，切忌透支体力，避免眩晕、中暑、肌肉酸痛等危险情况发生。

思考一下，你认为还需要注意什么呢？快来写一写吧

二、 危险行动

第二天一早，大家背着各自的野游包，来到了约定好的地点。

"哇，这座山看起来可真难爬啊！"冯周感叹道。整座山看起来有些陡峭，台阶一路通到很高的地方。

许依疑惑地问："这座山修得这么好，怎么没有人来呢？"别处的登山客都摩肩接踵，这儿却完全相反。"

"这座山后面的湖比较出名，游客们都喜欢去那里划船，相对来说就很少有人选择登山了。"杜可的哥哥解释道，"这样也好，如果登山时人山人海，很容易发生危险。"

一行人迈着轻快的步伐向山上走去。

"哎呀！"冯周走着走着突然停下来去拍照，后面的关关不小心撞到了他，差点摔倒。

"太危险了，冯周，登山时不要乱跑或者边走边看，要专注脚下，不然很容易发生意外。"哥哥一边提醒，一边拍拍冯周的手，示意他放下相机。

开始爬山的时候大家还在谈天说地，渐渐地都因为体力消耗而变得沉默了。

"还有多久才能到呀，我好累！"杜可嘟起嘴巴抱怨道。

"马上就到山顶了，那里的景色最好。加油哇，孩子们！"哥哥在一旁鼓舞士气。

经过一番努力，大家终于登上了山顶，刚看到观景台，冯周就一个箭步冲过去欣赏起来。

高睿用手遮阳，看着眼前的景象，不禁感叹了一句："我记得有一句话'会当凌绝顶，一览众山小'，说的就是这个吧！"

杜可注意到防护栏外长着一丛丛野花，五彩缤纷，十分漂亮。她摇了摇许依的手臂说："那些野花真漂亮，我们一起过去看看吧。"

许依摆手制止道："防护栏外很危险，我们不要贸然过去。而且山顶陡峭，一不小心就会掉下去。"

"你说得对！我只顾着看花，忘了那样做非常危险。"杜可听后吐了吐舌头。放弃了这个危险的想法。

山顶的景色真好，天高气爽，整座城市一览无余，冯周举起相机"咔嚓咔嚓"拍下了好几张照片。

欣赏完美景，补充好体力，大家启程下山。走着走着，许依突然发出一声惊呼。

"怎么了？"大家忙转头来查看她的情况。

"我的手腕被虫子咬了，出了点血。"许依捂着手腕，丝丝血迹正从虫子叮咬的伤口渗出。

冯周一拍脑门儿，连忙说："我听说，如果被毒虫咬伤了，必须用嘴把毒液吸出来再吐掉。"

"那毒液不就被另一个人吃到肚子里了吗？"杜可疑惑地问道。

哥哥仔细观察了许依的伤口，说道："这个伤口看起来不像是毒虫咬的，你有头晕或者发热的感觉吗？"许依摇了摇头。

"那应该没有大问题，我先给你包扎一下。"哥哥拿出了包里的酒精和纱布，先消毒、再包扎，"等我们下山后去诊所处理一下。"

哥哥紧接着对大家说道："如果真的被毒虫咬伤了，最好不要用嘴去吸。只有完好的口腔黏膜才能阻止毒液的吸收，如果口腔黏膜有破损，或者有蛀牙，毒液就会进入体内。不仅帮不到对方，还可能让自己也陷入危险。"

下山的路有些崎岖，哥哥背着包走在最前面，为大家探路，几个小伙伴小心翼翼地跟在后面。

"哎呀，前面路不通了。"走着走着，哥哥突然停了下来，回头对大家说道。

"那个标志是什么呀？"眼尖的杜可注意到了路边的标志，"这个禁止通行的标志我认识，可是旁边这个是什么意思呢？"

　　高睿抬头望了望，转身说："是山体滑坡的意思，这条路下面的山坡岩体松动了，可能会发生山体滑坡，我们还是换一条路吧。"

安全小贴士

★登山安全提示

1. 提前了解目的地天气状况，若天气不稳定，则避免出行。
2. 注意塌方落石、泥石流、滑坡、雪崩与路肩塌陷等警示标志。
3. 不攀越没有防护措施的峭壁，不擅自到未开发的危险地带游玩。
4. 雷雨时不要攀登高峰，不要手扶铁制栏杆，不要在树下避雨。
5. 登山时要准备登山鞋，皮鞋和塑料底鞋容易使人受伤。
6. 不要去深浅不明的水域游泳，以免溺水。
7. 如果在登山时迷路，不要慌张，及时报警或拨打求救电话等待救援。

★野营时遇到恶劣天气该怎么办？

1.雷雨天气

a.在空旷处无处躲避时，应尽量寻找低洼处（如土坑）藏身，或者立即下蹲，降低身体的高度；

b.远离孤立、高大的树木；

c.体积大的目标易遭雷击，多人共处时，相互之间不要挤靠。

2.在山区，暴雨常常引发山洪、滑坡、泥石流等灾害。万一遇到这些灾害，我们应该：

a.注意多观察，发现异常情况别犹豫，一定要快速通过或者待在安全的地方等待时机；

b.大雨过后山涧溪流的水位会暴涨，因此应避免在溪边扎营，以防洪水突至；

c.在野外或山区遭遇大雨或暴雨，身体被淋湿后会失去大量热量，加之山区温度本来就低，因此一定要注意避免人体失温；

d.防雨装备必不可少，要多带一套备用的长袖速干衣、速干裤以及保暖毛袜。

思考一下，你认为还需要注意什么呢？快来写一写吧

三、我们迷路了

原来计划要走的路，由于山体滑坡而无法通行，大家只好改变路线，重新寻找一条下山的路。一路上，大家又看到了许多难得一见的美景。

"路边的草丛里可能会有蚊虫，大家走路的时候尽量避开。"高睿提醒大家。一路上走走停停，所有人竟比上山时还兴致盎然。

"这是什么花呀？一团一团的，还散发着香气。"杜可指着路边高大的树上盛开的小黄花，好奇地问道。

"如果我没记错的话，这应该是桂花，我爱吃的桂花糕就是用这种花做的。"高睿沉吟了一会，给出了答案。

在前面带路的哥哥总觉得他们是在山里兜圈子，当他们第三次走回这棵桂花树下时，哥哥终于确定他们迷路了。

"刚才我们一直在兜圈子，那这次就换那条路试试吧。"哥哥指着旁边的一条小径对大家说道。

走了没多远，一行人发现了一处供游客休息的石椅。"你们先坐着歇歇吧，我去探探路。"哥哥放下背包，再次嘱咐，"千万不要乱跑，我很快就回来接你们。"

　　哥哥暂时离开了，大家也没闲着，急忙叽叽喳喳地讨论了起来。

　　"最重要的事情是要先找到正确的方向，一会儿我们用指南针找到

南方，一直朝着一个方向走，就能找到下山的路了。"许依想到昨天查到的资料，对大家说道。

　　杜可脑筋一动，想到一个新点子："反正我们的目标是下山，那我们为什么不干脆沿着下坡的方向，一路向下走，不就能很快到达山脚下了吗？"

"不行不行。"高睿不同意杜可的想法，他解释道，"山是高低起伏的，并不是一个山坡从山顶通往山脚，所以这个方法行不通。"

"而且一路下坡，我们也没法及时判断前面的情况，很容易发生意外。"关关也一反平时内向的表现，认真地补充了两句。

"嗯！你们说得有道理。那我们还是听许依的吧，先找出指南针！"杜可一边说着，一边打开了背包，开始翻找。

"坏了！指南针被压碎了。准是刚才放背包的时候砸到石头上了。这可怎么办？"杜可又自责又愧疚，眼泪忍不住在眼眶里打转。

"没关系，你别着急，大家还知道其他辨别方向的方法吗？"许依一边安慰着杜可，一边问大家。

"我知道！"冯周急中生智，想到了以前在科学手册上看到的小常识。他在周围找到了一棵孤树，对大家说道："枝叶茂密的一边就是南边，枝叶稀疏的一边就是北边。"

"书上还说，如果是伐区树林边缘的树根，可以通过看年轮判定，年轮宽的是南面，年轮窄的是北面。"

"孩子们，我回来了。"正说着，哥哥赶了回来。听了大家刚才的讨论结果，哥哥称赞道："你们这群小鬼头，比我知道得还多，真是了不起。"

商量过后，一行人决定顺着南边的方向走下去。

不知道走了多久，杜可突然说："我听到有人说话的声音了！是不是快到山下了？"大家闻言都开始兴奋地东张西望。

　　"是呀！我看到了那边有一座小桥，桥上有许多人，好像……在喂鱼！"还是冯周眼尖，第一个看到了山下的场景。

　　"那一定是快到了，你看到的就是山后的那个湖。"哥哥肯定地说道。

　　"我们真厉害，居然真的成功了！"大家开心地说。

　　"是啊，这都是因为大家的努力和集思广益。"哥哥赞许道。

　　"这说明野外求生小常识真的很有用！"冯周不禁感叹道。"要不是我们掌握了这些知识，不知道还要在山上兜多久圈子呢！"

　　"能摆脱迷路的困境，也多亏了你们呢！"哥哥对大家竖起了大拇指。

　　"湖边真热闹！我们也赶紧下山，去湖边玩玩吧！"

安全小贴士

★ 在野外迷路时怎么辨别方向？

在树林不能判明方向且没有指南针和定位仪器时，可采取以下方法。

1. 时针辨向法

在有太阳的情况下，把手表放平，时针对准太阳，在时针和十二时的中间，即是南方。以此为起点，顺时针方向每隔十五分钟就是一个方向。使用这个方法辨向，春、夏、秋、冬各有变化，要注意纠正误差。

另一种方法是以 24 小时为准，将当时的时间除以 2，得出的商数对准太阳，12 所指的方向为北方。以 14 时为例，除以 2 后商数为 7，将表盘上的 7 对准太阳，12 所指的方向就是北方。上述方法可归纳为"时数折半对太阳，12 所指是北方。上午计算按 12，下午加倍定向同"。

2. 年轮辨向法

主要看伐区树林边缘树根的年轮，年轮宽的一面为南，密的一面为北。

3. 北极星辨向法

在晴朗的夜间，北极星辨向法是最快、最简单的方法。

北极星辨向法有两种，一是先找到大熊星座（也像一个勺子），从勺把向前数到第六颗星（天极星），然后目测天极星和第七颗星（天旋星）的距离，向前大约五倍远的天空有一颗和它们同等亮度的星，那就是北极星。这个方向是北方。二是先找到大熊星座对面的仙后星座，它是由五颗亮星组成的，这五颗星中间那颗星前方与大熊星座之间的星为北极星。

思考一下，你认为还需要注意什么呢？快来写一写吧

★ 初步辨别方向后该如何摆脱险境？

1. 继续回忆来时方向，重点是横越过的铁路、公路和河流，方向判明后即可朝其行进。在人烟密集和交通发达的林区，按一个方向行进，就会遇到村、屯、林场、工段、公路和铁路等。

2. 如果在林内行进没有把握时，可沿河流行进。沿河而上，地势越来越高，河面越来越窄。顺河而下，地势越来越低，河面越来越宽。一般情况下，河流下游人烟较密集，是选择行进的方向。

3. 边走边听，主要是听火车和汽车的鸣笛、发动机声，可以朝有声音的方向走，但不要错误判断方向。

4. 在行进中要注意找寻队伍或其他人员在林内的活动声音。听到有人呼唤时要立即做出反应。

四、关关中暑了

正午时分，似火的骄阳挂在天空上，烤得人身上热辣辣的，只有偶尔吹过微风的时候，才能感受到一丝凉爽。

看到面前的景色，杜可情不自禁地说道。"哇！湖边的景色果然很美！那边有卖泡泡水的，我们一起吹泡泡吧！比比谁先跑到那个小摊！"

听了杜可的话，谁也不甘落后，全都争先恐后地跑起来。哥哥看着他们无奈地摇了摇头。

天空万里无云，泡泡在阳光的折射下更显得五光十色，美丽极了。

大家一边吹着泡泡，一边你追我赶，高兴极了。跑着跑着，关关有些不对劲，脸色苍白，看起来一副虚弱无力的样子。

"怎么了，身体不舒服吗？你脸色看起来有点差。"许依走过来，关切地询问道。

"有点头晕，胸闷……"关关断断续续地说道，豆大的汗珠从额头上滚落下来。她想再说点什么，可是意识渐渐有些模糊。

　　"会不会是因为低血糖？我这里还有几块巧克力，给关关吃了吧。"冯周从口袋里掏出几块巧克力，递了过去。

　　高睿双眉紧皱，仔细观察了一会，说道："不对，关关不像是低血糖，更像是中暑。"他看了看毒辣的太阳，心里大概有了答案。

　　"关关，你还有别的感觉吗？"许依一边轻轻抚摸着她的后背，一边问道。

　　"有点恶心，想吐。"关关的脸色逐渐由苍白转为不正常的潮红，看起来好像随时会晕倒。

　　"关关肯定是中暑了，不能再在太阳下暴晒了，我们先带她去阴凉的地方。"哥哥接过关关的书包，把关关背在了背上，往树荫下走去。

　　关关侧卧在树荫下的公共长椅上，又慢慢喝了些水，渐渐地，急促的呼吸也逐渐平稳下来。她摸了摸自己的心脏，抬头对大家说道："没有刚才跳得那么快了，感觉好些了。"

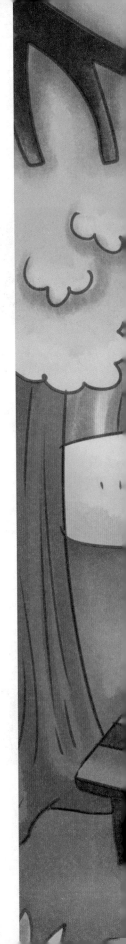

　　热心的游客们听闻他们的情况，也都走过来伸出了援助之手。

　　"我这儿有酒精湿巾，酒精蒸发可以带走身上的热量，擦擦身上可以降温。"一个姐姐递来了一包湿巾，弯下腰温柔地对关关嘱咐道。

　　"我这还有降温贴。"一位热心肠的阿姨举着降温贴挤了进来，"秋老虎有时候比三伏天还厉害呢，出来玩的时候千万要注意防晒和补水啊。"

　　关关感激地说道："谢谢大家。"

　　正在这时，景区的工作人员走了过来，对大家说，这附近就有一个诊所，可以带关关去那里就诊。

　　"那我们快去看看吧，正好再确认一下许依的伤口还有没有问题。"高睿说道。

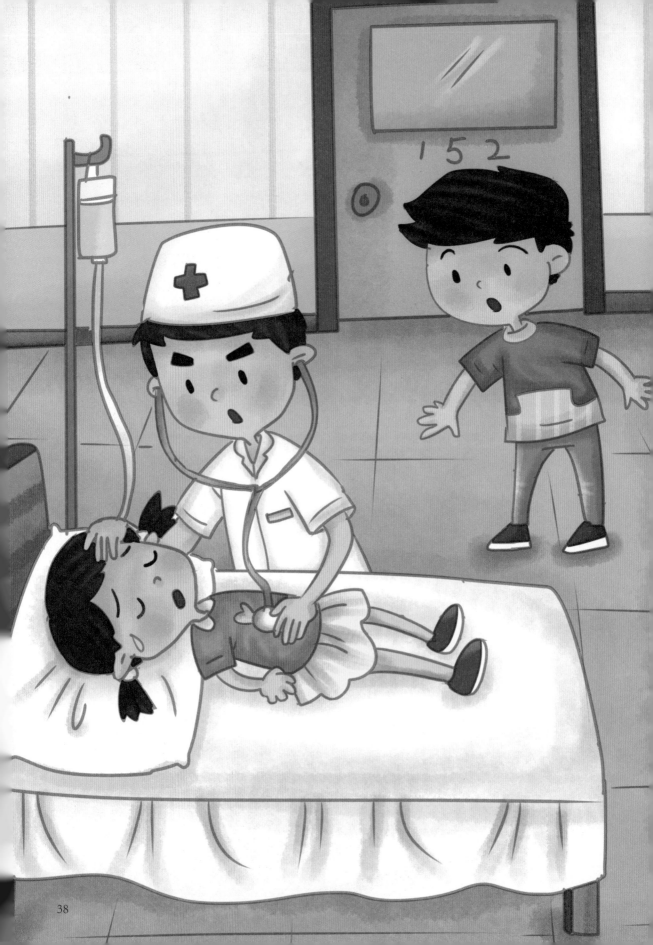

医生给关关作了几项检查，随后对大家说："幸好你们反应快，患者一开始可能只是中度中暑，如果不及时处理的话可能会发展成重度中暑，那就很危险了。"

"我们一直都在一起玩，为什么只有关关中暑了，而我们却没事呢？"杜可怎么也想不通。

"可能是因为她体质比较差，免疫力较弱，在这种湿热的环境下容易中暑。"医生解释道，又对关关说："你回去要适当锻炼，补充营养，提高身体免疫力。"

护士姐姐端着几杯水走了过来，分给大家并说道："外出游玩的时候，一定要多补充水分，缺水也会导致中暑发生的概率上升。"

"原来是这样！"杜可恍然大悟。大家听了医生的话，都不约而同地拿起杯子喝了一大口水，把医生都逗笑了。

"你的伤口不是毒虫咬的，没什么大问题。这座山上几乎没有毒虫，只要不爬树、不走特别深的草丛，就基本不会被咬伤。"医生仔细检查了许依的伤口，又用碘酒简单处理了一下。"一周之内这个伤口就能好，不用担心。"

关关需要休息，哥哥给关关的父母打了电话，过了一会儿，关关被接回了家。

安全小贴士

⭐ 中暑后，应采取什么措施？

    1. 发生先兆中暑或轻度中暑，应及时转移至阴凉、通风处静卧休息，密切观察体温、脉搏、呼吸和血压变化。

    2. 可饮用一些含盐分的清凉饮料进行补水，用凉水喷洒或用湿毛巾擦拭全身。

    3. 对于出现脱水、循环衰竭、痉挛、高热等症状的重症中暑病人应及时送到医院进行急救。

思考一下，你认为还需要注意什么呢？快来写一写吧

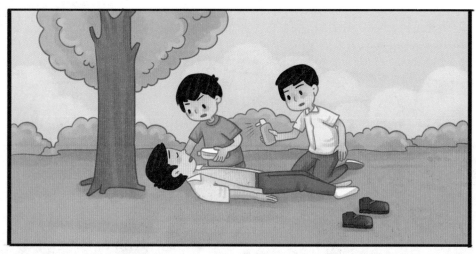

五、救命！有人溺水了！

　　景区附近的餐馆有新鲜的湖鱼，剩下的几人美美饱餐了一顿，准备继续出发去湖边游玩。

　　湖边的娱乐项目一应俱全，可以在湖面上划船，还可以买鱼食到桥上喂鱼。小摊上，有许多新奇的玩意儿，琳琅满目。

　　"咦，这里有标语。"湖的四周围着高高的防护栏，上面挂了几个牌子。杜可走过去，一字一句地读了起来。"禁止攀爬，水深危险。"

　　维持秩序的保安看到杜可站在防护栏附近，忙走过来提醒道："小朋友，不要靠近防护栏，今天游客这么多，一个不小心就容易被挤进湖里，那可就危险了。"

　　湖边出租的船是脚踏船，安全性比普通的船高很多，而且操作比较简单。经过专业人员的指导，大家都跃跃欲试。

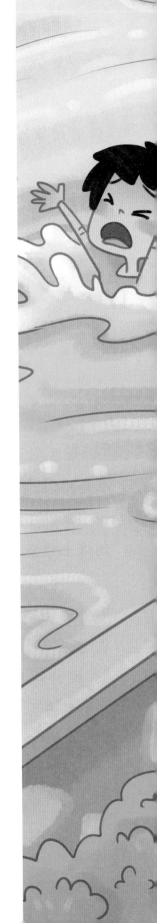

"只要有我在，我们的船一定是湖里划得最快的！"冯周满怀信心地说道。

"比起速度，我们还是先追求安全吧，安全第一。"高睿拍了拍他的肩膀说。"高睿说得对！而且我可不会游泳。"杜可也站在高睿这一边。

"小朋友们，可以上船了！"工作人员带他们来到了租借的脚踏船边，"要系好安全带啊。"

哥哥检查了每一个人的安全带，然后才放心地蹬起了脚踏船。

来回几圈后，大家都尽兴而归，刚刚上岸，就听到桥边出现一阵骚动，惊叫声、呼救声混杂在一起，原来是有人溺水了！

一行人连忙跑过去，冯周看到湖中溺水的人，一冲动就想跳下去救人，被哥哥眼疾手快地拦住了。

"哥哥，我会游泳，让我去救他！"冯周挣扎着说道。

"已经有水性好的保安下去救他了。"哥哥解释道，"你虽然会游泳，但是如果下水救人，你就要多负担一个成年人的重量，没有足够的体力游上岸的。"

冯周也冷静了下来，仔细想了想哥哥说的话，不好意思地低下了头，说："我又冲动了，对不起，让大家担心了。"

"没关系，没事就好。那个人被救上来了，我们快过去看看能不能帮上什么忙吧！"许依向大家提议道。

落水者被放在地上，面色发紫，嘴唇紧闭。这时，一个姐姐拨开人群挤了进来，气喘吁吁地说道："我是学医的，让我来试试吧！"说完便麻利地开始施救。

　　她先抬高落水者的下巴，让他的嘴自动张开，然后迅速清除了他口中的异物。接着让他平躺在地上，开始进行心肺复苏。与此同时，也有游客拨打了120急救电话，报告了事发地点等信息。

大家都心急如焚地看着他们，屏住呼吸，人群一时间都安静了下来。

姐姐用左手掌根按住落水者的胸骨下段，右手掌压在左手背上，双手交叉扣紧，伸直双臂，开始有规律地按压落水者的心肺处，帮助他进行心肺复苏。每按三十次后辅以人工呼吸两次。这短短的几分钟竟像一个世纪那样漫长。

终于，在姐姐的努力下，落水者渐渐睁开了眼睛，剧烈地咳嗽起来，咳出了肺里多余的水分。但他的意识还很模糊，并没有完全清醒。

"救护车来了，救护车来了！"大家自觉让出了一条通道。救护人员把落水者抬上车，奔往医院。看着救护车远去，大家这才松了一口气。

人群散开，小伙伴们转着小脑袋想要找到那个救人的姐姐，可是却没有找到。

"那个姐姐实在是太了不起了！她勇敢地站出来，救了一条人命！"杜可的眼中充满了敬佩的神情。"简直就是当代活雷锋。"

这不平凡的一天，真是既充满惊险，又让人受益匪浅。经历了这样的一天，小伙伴们学到了许多课本上没有的知识。这些知识，足够让他们受用一生。

安全小贴士

⭐不熟悉水性者自救法

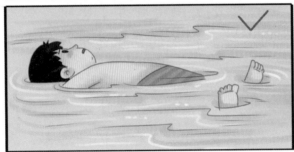

溺水者切莫慌乱，应保持镇静，积极自救。千万不要手脚乱蹬拼命挣扎，这样只会使体力过早耗尽、身体更快地下沉。用鼻子吸气容易引起呛水，所以哪怕喝上几口水，也不能用鼻子吸气。

⭐在水中抽筋者自救法

1.如果手指抽筋，可将手握拳，然后用力张开，迅速反复多做几次，直到痉挛消除为止。

2.如果小腿或脚趾抽筋，先吸一口气仰浮水上，用一只手握住抽筋肢体的脚趾，并用力向身体方向拉，同时用另一只手压在抽筋肢体的膝盖上，帮助抽筋腿伸直。

3.如果大腿抽筋，先吸一口气仰浮水上，举起痉挛的大腿和身体成直角，两手抱着小腿用力屈膝，使抽筋的大腿向身体方向拉伸，缓解抽筋。

4.及时上岸，擦干身上的水分，注意保暖。

⭐ 如何预防溺水事故发生？

1. 有关部门应根据水域情况制定溺水预防措施，包括安置醒目安全标识或警告牌，安排针对救生员的专业培训等。

2. 游泳要选择有安全措施的正规泳池，不到野外水库、江河、湖泊、未开放的海滩等危险水域游泳。

3. 儿童、老年人、伤残人士避免单独接近水域。

4. 游泳前做好热身、适应水温，减少抽筋和心脏病发作的可能性。

5. 在游泳时突然身体不适，如心慌、气短、眩晕等，应当立刻上岸休息。

⭐ 溺水后如何自救？

不会游泳的人，千万不要单独在水边玩耍；没有会游泳的人陪伴，不要独自下水。最好在有救生员的水域游泳。游泳时间不宜过长，20 到 30 分钟应上岸休息一会儿。

思考一下，你认为还需要注意什么呢？快来写一写吧

六、不止长了一岁

悠闲的假期很快就结束了。这天一早，严老师刚走进教室，就听到几个小伙伴在向同学们讲述自己的见闻。

许依见到严老师进来，走上前说："老师，我想让大家都学习一下急救知识，意外不知道什么时候就会发生，学习急救知识可以防患于未然。"大家听了这话，都赞同地点了点头。

高睿紧接着补充道："当有人溺水时，虽然知道急救方法是什么，但我并不会做，只能眼睁睁地看着。所以我建议大家学习急救知识的时候要注意模拟实践。"

"没错，你们都说得很对。"严老师赞许地说道，接着对所有人说："几位同学的经历给了我启发，我也会向学校申请，开展一些急救知识教学活动，让大家一同学习。"

"严老师，这次野游我们还有很多收获，也想讲给大家听！"杜可主动说道。她想和大家讲讲这有趣且充满意外的一天，也想告诉同学们她从中学到的经验。

严老师略加思索，随后说道："不如这样吧，这周五的下午有一节班会课，就趁此机会，由你们来做一个野游经历的小分享会吧。"

"好！"几人兴冲冲地答道："保证完成任务！"

放学后，几个小伙伴来到冯周家，热烈地讨论起来。

大家以所经历的事为核心，又查找了许多相关资料，整理出了一份"野游手册"，里面记录了一些野游时常常会遇到的突发事件以及应对措施。

　　"虽然我们也在野游前做了充足的准备，但有些意外只有经历过了才能获得经验。"高睿这样说道，杜可点点头表示同意，继续说道："虽然不能提前阻止意外的发生，但是我们可以更好地应对它。"

　　"我突然觉得，我们在进行一项很重要的工作！"冯周一边在电脑上分类整理着各项信息，一边说道。

　　"我也这么觉得。"关关也应和道，"虽然没有和大家一起经历惊险的溺水事件，但我也学到了很多，好像一天之间就长大了。"

周五的分享会很快就到来了，冯周讲的故事引人入胜，杜可讲的道理深入浅出，他们这对故事组合让同学们的心随着他们的经历上下起伏。

"杜可和防护栏发生了两次不得不说的故事，第一次是她要翻越防护栏去看野花，第二次是她离湖边的防护栏太近，差点被挤进湖里……"冯周手脚并用，表演得又生动又好笑。

紧接着，高睿和许依又为大家拓展了许多有关野游的知识，连一向内向的关关也说了许多关于野外游玩的体悟和感想。

"有时在野外发生意外事件时，我们可以自己处理，但当超出我们的能力范围时，一定要及时寻求成年人的帮助。"许依说道。

"在我中暑的时候，除了受到小伙伴们的照顾，还得到了许多陌生人的关怀和帮助。如果下次我在外出游玩时遇到需要帮助的游客，也会尽我所能，伸出援手。"关关十分感激地说道。

精彩的活动就这样结束了，严老师总结道："看来几位同学不仅在这次游玩中学到了户外旅行的经验，也得到了思想上的深刻体会。真是收获满满啊！"

"我们也为大家准备了一份小礼物。"许依一边说着，一边从背包里拿出他们准备好的野游手册。

"我们整理了一些关于野游的注意事项，想来想去还是做成手册送给大家。"高睿边说边把手册分发给大家。

"这就是我们要分享的全部内容，希望大家以后外出游玩时都能平平安安，就算遇到意外也能化险为夷，最后尽兴而归。"杜可的小脸蛋上难得露出了认真的神情："感谢这次的经历，让我觉得我们长大了。"

安全小贴士

★能救命的急救知识

胸外心脏按压

1.将患者平放,救助者跪在患者身体右侧,解开其上衣,露出前胸,按压部位为两乳头连线与胸骨交界处。

2.将一手掌根部放在按压部位,另一手掌根部置于前一手背上,两手手指交叉抬起,使手指脱离胸壁。

3.上半身略向前倾,双肩位于双手的正上方,双臂垂直在患者的胸骨上,借助自身上半身的体重和肩臂部的力量向下按压。

4.将胸骨下压5至6厘米,按后放松臂力,但手掌不能离开胸骨,应紧贴在胸壁上,按压时不要左右摆动。按压频率为每分钟 80 ~ 100 次。

5.心脏按压需要持续进行,直到医护人员到达。为避免疲劳,可以每分钟更新按压者,每次更换尽量在5秒钟内。

思考一下,你认为还需要注意什么呢?快来写一写吧

人工呼吸

1. 人工呼吸前，先清理患者的口腔、鼻腔里的异物，摘掉活动的义齿，将患者领口、腰带、胸罩解开，面部向上，颈后部垫一软枕，使头尽量后仰。

2. 救护人员位于患者头旁，一手捏紧患者鼻子，先深吸口气，用口对着患者的口吹气，口离开的同时，捏鼻子的手也松开。

3. 吹气应有力、有节奏地反复进行，每分钟15次左右，患者胸部活动时立即停止吹气，并将患者的头偏向一侧，使其呼出空气；对牙关紧闭的病人，可对其鼻孔吹气。

4. 抢救时，人工呼吸与心肺复苏需交替进行，压胸膛30次后吹气两口，吹气时暂停胸外按压。

常用止血方法

指压止血

适用于头部及四肢的止血

用手指按在伤口的上方，在近心端处的动脉压迫点上，用力将动脉血管压在骨骼上，中断血液流通，达到止血目的。

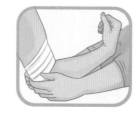

加压包扎止血

适用于小动脉、静脉及毛细血管出血

用消毒纱布将伤口覆盖后，用棉花团等软物折成垫子，放在伤口敷料上面，然后用三角巾或绷带紧紧包扎，并将肢体抬高，以达到止血目的。伤口有碎骨时，禁用此法。

止血带止血

适用于动脉出血

其他方法不能止血时，应用橡皮止血带和绷带或布条制成的止血带，也可以用宽绷带、三角巾或其他布条等代替止血带，把肢体的血管压住，以达到止血目的。使用止血带的部位应先衬垫上纱布、毛巾或伤者衣物，以免损伤皮下神经。松紧应适度，包扎后立即送往医院急救。